神奇的新能源

风 能

郑永春　主编

中国科学院广州能源研究所　卜宪标　王屹　审定

广西教育出版社
南宁

神奇的新能源
编委会

（排序不分先后）

新能源，新希望

——写给孩子们的新能源科普绘本

20世纪六七十年代，"人类终将面临能源危机"的论调十分流行。那时，作为"工业血液"的石油，是人类最主要的能源之一。而石油的形成至少需要两百万年的时间。有科学家预测，在不久的将来，石油会消耗殆尽。然而，半个世纪过去了，当时预测的能源危机并没有到来，这其中，科技进步带来的新能源及传统能源的新发现起到了不可估量的作用。

一、传统能源的新发现。传统能源包括煤、石油和天然气等。随着科技的发展，人们发现，除曾被世界公认为石油产量最高的中东地区外，在南美洲、北极和许多海域的海底均发现了新的大油田。而且，除了油田，有些岩石里面也藏着石油（页岩油）。美国因为页岩油的发现，从石油进口国变成了出口国。与此同时，俄罗斯、中国等国也发现了千亿立方米级的天然气田，天然气已然成为重要的能源之一。

二、新能源的开发。随着科技的发展，人们发现了一些不同于传统能源的新能源。科学家在海底发现了一种可以燃烧的"冰"（天然气水合物），这种保存在深海低温环境下的天然气水合物一旦开采成功，可为人类提供大量的能源。氢是自然界最丰富的元素之一，氢能作为一种清洁能源，有望消除矿物经济所造成的弊端，进而发展一种新的经济体系。核电站利用原子核裂变释放的能量进行发电，清洁高效，可以大大降低碳排放量；但核电站也面临铀矿资源枯竭和核燃料废弃物处理及辐射防护等问题，给社会长远发展带来一定的风险。除已成熟的核裂变发电技术外，人类还在积极开发像太阳那样的核聚变反应技术，绿色无污染的可控核聚变能将为解决人类能源危机提供终极方案。

三、可再生能源的利用。可再生能源包括我们熟悉的太阳能、风能、水能、生物质能、地热能等。一些自然条件比较恶劣的地区，如中

国西北的戈壁荒漠地区，往往是风能和太阳能资源丰富的地方，在这些地区进行风力和太阳能发电，有助于发展当地经济、提高人们生活水平。在房子的阳台和屋顶，可以安装太阳能发电装置和太阳能热水器，供家庭使用。大海不仅为人类提供优质的海产品，还蕴藏着丰富的能源：海上的风、海面的波浪、海边的潮汐都可以用来发电。地球上的植物利用太阳光进行光合作用，茁壮生长。每到秋天，森林里会有大量的枯枝落叶，田间地头堆积着大量的秸秆、玉米芯、稻壳等农林废弃物，这些被称为生物质的东西通常会被烧掉，不仅污染空气，还会造成资源的浪费。现在，科学家正在将这些生物质变废为宝，生产酒精、柴油、航空燃油以及诸多化学品等。

四、储能技术与节能减排。除开发新能源和新技术外，能源的高效储存、节能减排和能源的综合利用也一样重要。在现代生活中，计算机等行业已经成为耗能大户。然而，计算机在运行时，大量的能源消耗并没有用于计算，而是变成了热量；与此同时，需要耗电为计算机降温。科学家正在研发新的计算技术，让计算机产生的热量大大减少。我们可以提升房屋的保温性能，以减少采暖和空调用电；可以将白炽灯换为节能灯；也可以将垃圾分类进行回收利用，践行绿色低碳的生活方式。

总之，对于未来能源，我们持乐观态度。这套新能源主题的科普彩绘图书，就是专门写给孩子们的，内容包括太阳能、风能、水能、核能、地热能、可燃冰、生物质能、氢能等。我们希望通过这套图书，告诉孩子们为什么要发展新能源，新能源的开发和利用的现状如何，未来还面临着哪些问题。

希望孩子们学习新能源的科学知识，从小养成节约能源的习惯，为保护地球做出贡献。因为，我们只有一个地球。

郑永春　徐莹

2020 年 10 月

目 录

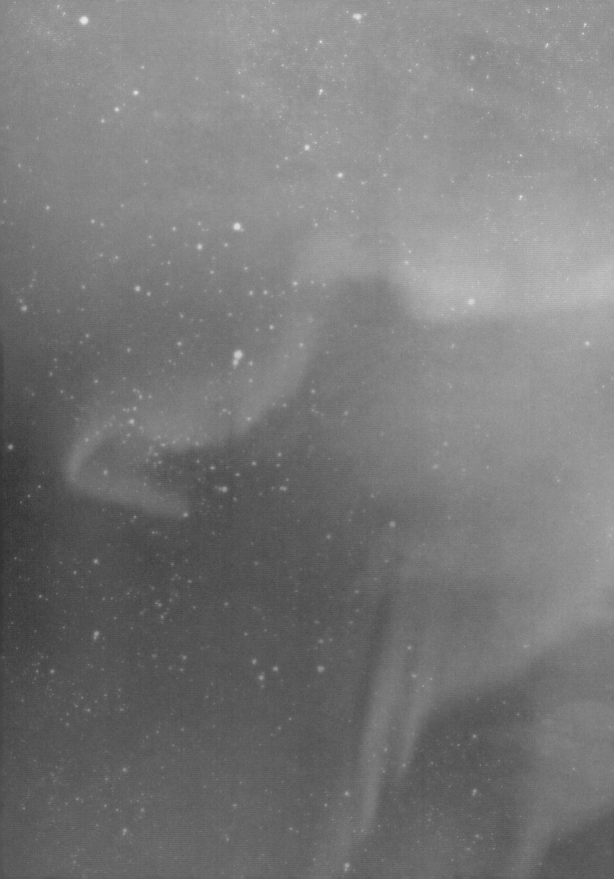

认识风

　　春天的风，温暖轻柔，吹走严寒；夏天的风，舒缓炎热，吹散汗珠；秋天的风，微凉舒爽，伴随收获；冬天的风，寒冷刺骨，开启新的一年。

　　风是一个无处不在的朋友，我们虽然看不见它，却能时时刻刻感受到它。它开心时，轻拂树叶，飘扬旗帜；它激动时，海浪汹涌，林涛怒吼；它愤怒时，树木倾倒，天地失色。我们不禁想要知道，风是如何形成的呢？又有哪些特征呢？

北极、南极等高纬度地区，太阳斜照，温度低，空气"冷"得抱成一团，气压变高。

赤道把地球分为南、北两个半球，赤道附近地区获太阳光热多，温度较高，空气"热"得四处膨胀，气压变低。

在气压差的驱使下，高纬度地区冷空气流向赤道附近，赤道附近热空气流向高纬度地区，便形成了风。

大气层——地球的保护伞

从太空上看，地球像发着蓝色光晕的玻璃球，这层蓝色光晕就是大气层。大气层内气流沿稳定的路线运动，会影响陆地上的气温、寒潮、季风、降雨等。

大气层是地球的保护伞，厚度有上千千米，由五组层面构成。

散逸层

地球大气的最外层为散逸层，该层空气极为稀薄，密度几乎与太空密度相同。

扫一扫，来一场大气层历险记吧！

热层

热层因吸收太阳紫外（短波）辐射，气温随高度的增加迅速升高，层顶气温可达上千摄氏度，能熔化金、银！

中间层

中间层因臭氧含量低，同时能被氮、氧直接吸收的太阳短波辐射大部分已被上层大气吸收，故温度随高度增加而迅速下降，顶部气温甚至降到零下83摄氏度以下。

平流层

平流层中的臭氧层吸收紫外线，大气上热下冷，气流平稳，主要是水平方向运动，能见度高，适合飞机航行。

对流层

对流层紧靠地球表面，受地面影响较大。层内气温随高度升高而降低，空气对流运动显著。云、雨、雷、电等天气现象大多发生于此哦！

火箭

火箭是利用发动机反冲力推进的飞行器,按用途分为探空火箭、运载火箭等。"长征五号"系列是中国现役运载能力最强的新型运载火箭,中国的天宫空间站、北斗导航系统等的建设,都会使用该火箭系列。

人造地球卫星

人造地球卫星是环绕地球在空间轨道上运行的无人航天器。通过火箭或其他运载工具将它发射到预定的轨道,使它环绕地球运转,进行探测或科学研究。

有大气层保护,我很安全哦!

极光

极光是一种绚丽多彩的发光现象,地球上的极光是由于地球磁层或太阳的高能带电粒子流进入大气层与高层大气中的原子碰撞造成的,一般只在南北两极的高纬度地区出现。

流星

流星是运行在星际空间的流星体(通常包括宇宙尘粒和固体块等空间物质)在接近地球时由于受到地球引力的摄动而被地球吸引,从而进入地球大气层,并与大气摩擦燃烧所产生的光迹。

飞机

积雨云

3

风的种类有很多，比如季风、龙卷风、台风、海陆风、山谷风等。

季风

冬季，陆地比海洋寒冷，气压也高，故风从陆地吹向海洋；夏季，陆地气候炎热，气压降低，风从高气压的海洋吹向陆地。这种随季节变化而变化的风就是季风。

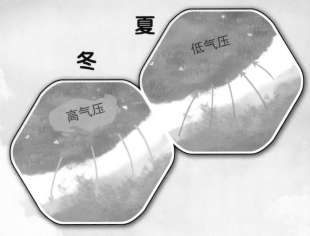

夏

冬

低气压

高气压

龙卷风

龙卷风是从积雨云伸向地面的漏斗状云（龙卷）产生的强烈的旋风。其经过之处常会发生拔起大树、掀翻车辆、摧毁建筑物等现象。

台风

台风破坏力极大，是热带空气旋涡，急速旋转，像个陀螺。台风的结构从外向内依次包含外围螺旋云带、云墙区和中心的台风眼。

海陆风

由于陆地土壤的比热容比海水小，因此白天时，在太阳的照射下，陆地升温比海洋表面快得多，暖空气上升，形成从海洋吹向陆地的海陆风。夜晚，陆地降温快，海水降温慢，海面空气温度高，暖空气上升，形成从陆地吹向海洋的陆海风。

山谷风

白天的山坡受到太阳光照射，如热炉一般，坡地空气升温多，温度高于谷地上方相同高度的空气，坡地的暖空气上升，谷地的空气沿着山坡向上补充流失的空气，形成谷风；夜间，山坡则像制冷器一般，坡地空气降温较多，冷空气沿着山坡流入谷地，形成山风。

你·知·道·吗

- 冬季，在北极地区和西伯利亚、蒙古高原一带，气温低，形成了势力强大的冷高压气团，其增强到一定程度时，便会向我国袭来，这就是寒潮。

- 比热容：物质的比热容越大，那么物质想要升高或降低一定的温度，就需要吸收或释放更多的热量，也就是更难升温或降温。比如海水的比热容比陆地大，假设阳光照射时间相同（海水和陆地吸收的热量相同），那么海水升温就比较慢，陆地升温就比较快，导致陆地比海水温度高。

风的分级

风力有大小，根据风吹过地面或水面的物体所产生的各种现象对风力进行分级。风力等级划分为 0~17 级共 18 个等级，常用的有 12 个等级。

1级风

炊烟袅袅，烟随风偏，适合户外玩耍哦！

2~3 级风

树叶及微枝轻轻摇摆，带上小风筝出发吧！

4~5 级风

小树带着小树枝一起摇摆。

6 级风

大树枝摇动，这个时候打伞可不是个好主意哦！

7~8 级风

全树摇动，微枝折断，人前行阻力大，这个时候最好不要外出哦！

9~10 级风

大树枝被折断，小树被吹倒，屋瓦等被损坏，一般建筑物被破坏。

11 级风

陆地上很少见，见时可将大树吹倒，对一般建筑物造成严重破坏！

12 级风

一般是海上的台风所具备的规模，陆地上少见，见时除破坏农作物、林木外，对工程设施、船舶、车辆等可造成严重破坏。

你知道吗

- 高度变化，风速也有变化。楼顶的风比楼下的风大，说明在高处风速较大。空气流动受到地面的楼房、树木、地面摩擦等多因素影响，使低处风速降低。

- 当高度达到千米左右，地面摩擦力的影响便基本消失，这时影响风速的主要因素是该高度下的气压梯度。

- 气象台预报的风级，是距地面 10 米处的风力等级。

风的特征

风向，是指风吹来的方向。从南方吹来的风称为南风，从北方吹来的风称为北风。

风向标是常用的风向测量装置，有单翼型、双翼型和流线型等。当风向标与气流平行，风向标头部所指方向就是风的方向。

目前已有自动测风系统，利用传感器测定风向、风速、风温及气压等参数。

风能资源评估中有一些反映资源状况的重要指标，如风速频率、风速变幅、风能密度及风况曲线等。

风速随时变化，人们把各种速度的风出现的频率（在某时间周期内，某风速出现时间与测量总时间的百分比）称作风速频率。

风速的变动或波动的幅度称为风速变幅。平均风速是某一时间内各瞬时风速的算术平均值。

空气流动产生了风，风能就是空气流动所产生的动能。风能密度指气流在单位时间内垂直通过单位面积产生的风能。

风况曲线是将全年内风速在某个数值以上的时间作为横坐标，风速作为纵坐标，得出的曲线图。

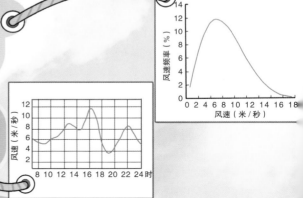

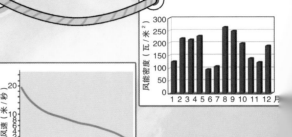

按照下列步骤自己动手制作风向标,并去户外测试一下风向。

（1）准备硬纸、剪刀、带橡皮的铅笔、吸管、胶带、图钉。

（2）将硬纸剪出一个三角形和两个梯形,注意不要太大,并将梯形和三角形的边角剪圆。

（3）将吸管两头压扁并剪开,用以卡住梯形和三角形。

（4）将两个梯形插入吸管一边,三角形插入另一边,并用胶带固定。

（5）将图钉穿过吸管中间,并插入铅笔的橡皮中。

（6）风向标制作完成！快去试一试吧！

风能的优缺点

　　煤、石油、天然气等传统化石能源的开发与利用，伴随着各种各样的环保问题，严重影响人们的生活。而对环境较为友好的风能等新能源则成为未来能源行业发展的方向。

能源的演进

　　能源是人类生活的基础，没有能源就没有一切。

几十万年前，人类开始燃烧木柴来煮熟食物、取暖照明。

18世纪，蒸汽机出现，促进煤大规模开采，煤代替木材成为动力源。

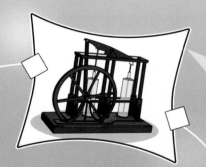

19世纪70年代内燃机问世。1866年西门子制成发电机，电力开始广泛应用。为更好地利用电力，人们不断地对发电机进行研究与改进。电话、电报等也纷纷问世。

现今，人类大力发展新型能源。核能等的利用是能源发展的新突破。

我们现在常用的煤、石油、天然气等能源不可再生，总有耗尽的一天。人类无法容忍由于能源匮乏而退回到"原始社会"，必须大力开发风能等可再生能源。

石油用完了！

20世纪初，汽车工业等快速发展，石油用量大增。1965年石油超过煤炭，成为世界主导能源。

我不要成为原始人！

化石能源对环境的危害

　　除了能源匮乏的问题，化石能源在燃烧时，还会产生大量的有害气体，污染环境，造成煤烟污染、光化学污染和气候反常等。

　　煤燃烧会产生大量的二氧化碳、二氧化硫、二氧化氮等气体，以及煤粉尘、重金属等。

　　汽油是由石油炼制而来，汽车等使用汽油，会排放出含有一氧化碳、碳氢化合物、氮氧化合物等污染物的尾气，危害环境和人体健康。

风能是地球上最古老、重要的能源之一。巨大的蕴藏量、可再生、分布广、无污染等特征，使风能成为世界上可再生能源发展的重要方向。

开发风能等可再生能源，不仅可以节约不可再生能源，防止能源匮乏，还可以尽可能减少化石能源对地球环境的严重污染。

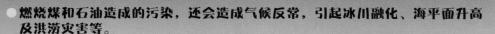

你知道吗

● 燃烧煤和石油造成的污染，还会造成气候反常，引起冰川融化、海平面升高及洪涝灾害等。

● 光化学烟雾事件的元凶，就是工业和汽车排放的废气。光化学烟雾事件于 20 世纪 40 年代在美国洛杉矶出现，1950 年之后在美国其他城市和世界各地相继出现。发生在美国洛杉矶的此类事件导致 1955 年 400 多名老人因呼吸衰竭而死亡；1970 年 75% 的市民患上了红眼病。

　　我们已经认识了风这个"新朋友"，在把风当作一种新能源来使用之前，我们再来了解一下风能的优势和缺点，以及它对环境的影响。

　　专家们认为，从技术成熟及经济可行性来看，风能极具竞争力，可能成为新能源的主角。

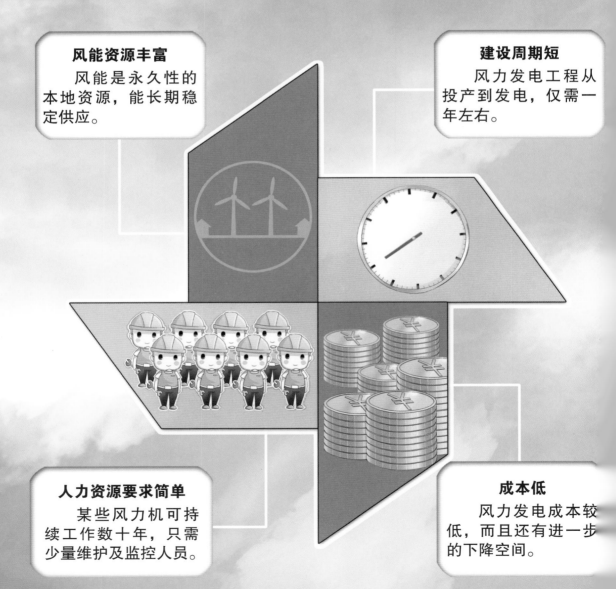

风能资源丰富
　　风能是永久性的本地资源，能长期稳定供应。

建设周期短
　　风力发电工程从投产到发电，仅需一年左右。

人力资源要求简单
　　某些风力机可持续工作数十年，只需少量维护及监控人员。

成本低
　　风力发电成本较低，而且还有进一步的下降空间。

节约不可再生能源

风力发电清洁高效，可替代火力发电，减少煤炭等不可再生能源的使用。

减少排放

风力发电对环境影响小，没有粉尘、二氧化碳、二氧化氮等物质的排放。

风电场可能有利于农作物生长

有研究表示，风电机通过农作物附近的空气流动，可影响农作物附近的微观气候，这些气候的改变可能对农作物产生积极的影响。

设备维护、更新较容易

风能设备破损时不会像水电站、核电站破损那样造成巨大的灾难。

风能的缺点

　　合理开发、利用新能源，对环境保护起着重要作用。风能虽然是绿色能源，但它也并非完美无缺。如果我们不懂得合理地开发和利用它，也会对环境造成伤害，违背环境保护的初衷。

风能密度小、不稳定、地区差异大

　　空气流动形成风能，空气密度很小，所以风能密度也很小。而由于气流瞬息万变，因此风的日变化、季变化及年际变化均十分明显，不稳定。风能地区差异也大，有利地形的风力可以是不利地形处的几倍或几十倍。

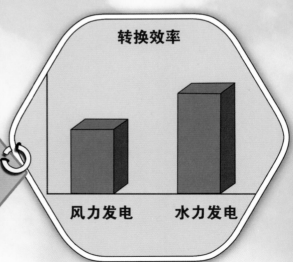

转换效率

风力发电　　水力发电

风能转换效率低

　　相较于火力发电、水力发电、核电等发电方式，风力发电的转换效率偏低。

风电场会干扰无线通信

风电场有时会引起电视图像的震颤及对无线通信造成干扰。

风电场会干扰动物迁徙

风电场会影响候鸟及其他动物迁徙，或将飞鸟卷入风轮，危及飞鸟生命。

风电场对生态系统及海洋的生态平衡有一定影响

海上风电场会影响鲸鱼的听觉，可能导致它们断粮；此外，也可能会伤害到海豹等海洋生物，影响海洋生态平衡。

风能也不是完美的哦！

风能的合理利用

　　了解了风能的优缺点，人们可以有针对性地进行探测、开发、利用，结合各地风能资源及相关设施情况，合理地利用风能资源。

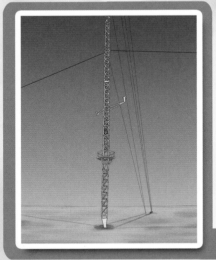

测风塔

　　风能的应用存在地区差异、受地理限制等问题，因此，做好风电场的选址工作是合理利用风能的基础。我国气象部门在全国设立了许多测风点，对风能资源进行评价，为风电场的选址提供依据。

　　风电场的选址，除了对风能资源有要求外，还需要对地形、地质、气象、交通、接入系统等进行综合分析，经过科学论证后选择适宜的地区建设风电场。

　　风电机组要远离居民区、矿藏等，最好选择承载力强的基岩、密实的壤土或者黏土等。

　　并网型风力发电机组需要与电网连接，所以选址时应尽量靠近电网。

　　尽可能选择气象灾害较少的地区，避免对风电机组造成灾害性的破坏。

　　道路应具备满足大部件运输的交通条件。

1. 据媒体报道，孟加拉国一家公司发明了一款由纸板和矿泉水瓶组成的"生态空调"，可将室内温度降低最多约 5 摄氏度。请思考"生态空调"的原理，并自己动手，用矿泉水瓶和硬纸板做一个"生态空调"，看看是否能将室内温度降下来。

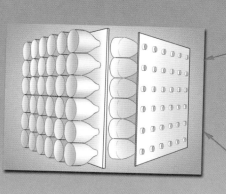

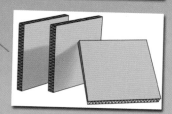

2. 自己动手做一个风车。

风能的早期应用

不要小看古人的智慧哦！勤劳又聪明的中国人，从古代就懂得利用风能！

农业：风车提水及精选谷物

灌溉难

中国是农业大国，古时候，人们为了从低处取水灌溉高处的农田，需要耗费大量的体力。

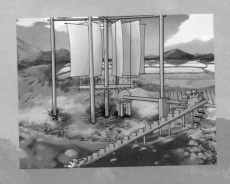

到了宋代，流行使用垂直轴风车。6到8个风帆一样的布篷，分布于垂直轴的四周，风吹动后，风车像走马灯一样转动，带动转动轴将低处的水运送到高处。

脱粒难

到了收获的季节，稻谷吸收天地的精华结出了饱满的果实。稻谷脱粒之后，由于米粒和谷壳混在一起，把它们分开要花费很大的精力。

聪明的古代人发现，米粒和谷壳在同样风力作用下会被吹到远近不同的距离，于是采用"扬场"法，把它们的混合物抛向天空，借用风力使之分开。米粒落在场地上，而较轻的谷壳就被风吹到远处。

后来，人们根据这一方法发明了扬谷机。扬谷机的手柄轴上装有叶片，当转动手柄时会产生风，粮食等从上部漏斗装入，在落下过程中，遇到人造风，风会将壳皮等较轻的杂物吹去，较重的米粒掉入承接的容器中，而达到分选目的。

扫一扫，看看扬谷机如何工作！

你 知 道 吗

● 荷兰位于大西洋沿岸，一年四季盛行西风，为风车运行创造了条件。1229年，荷兰出现第一台风车。从13世纪风车传入欧洲各国，到14世纪，风车已经成为各地不可缺少的机械装备。

人类很早就知道顺风航行更为方便，从而行船时利用风帆助航。

帆船

多桅帆船

根据对出土文物及古代文献的研究发现，早在春秋时期，我国已出现帆船。

三国时代，已出现 4~7 帆的多桅帆船，并沿纵向安装多具船桅，一方面可增加储存货物空间，另一方面可更好地利用风力助航。

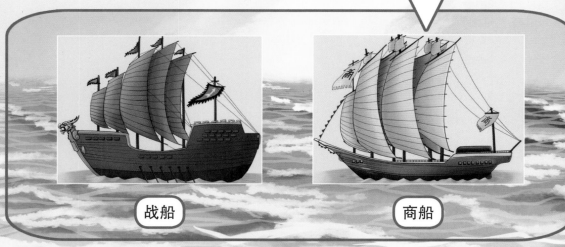

战船

商船

随着造船技术的发展，战船和商船不断改进，它们体积庞大，可容纳成百上千人。

郑和下西洋

明朝初年，郑和率领 2.7 万多人乘 62 艘海船远下西洋。郑和七下西洋，是中国古代规模最大，船只最多，海员最多，时间最久的海上航行。

唐朝初年，漕运量约为 20 万石（古人用"石"作为计量粮食的容量单位，一石即为一百升）。到了明清时期，漕运量增加到几百万石。

大运河是我国古代南北水运的重要通道。我国南方是鱼米之乡，而首都多建在北方，因此上缴官府的税粮多通过运河输送（因而又叫漕粮），帆船为漕运提供了极大便利。

船运漕粮

你 知 道 吗

● 古代的诗人也曾在诗中提及风帆助航，如唐代诗人李白就写道："长风破浪会有时，直挂云帆济沧海。"

● 唐代，对外贸易的商船可以到达波斯湾和红海之滨，所经航路被称为"海上丝绸之路"。

在军事方面，古人早就学会了利用风预警及作战。

烽火台是古代的军事报警设施。当发现敌人进犯时，点燃烽火台里的薪柴，浓烟在风力作用下升至高空，在几千米外都能见到。通过这样一个个烽火台把紧急信号传递下去，实现长距离报警。

三国时期，曹操与孙权决战于赤壁，曹军采用"连环战船"，周瑜利用风势，使火船冲入曹军水寨。火乘风势，风助火威，江面一片火光，曹军一败涂地。

易燃品

1363年，在鄱阳湖之战中，明太祖朱元璋也曾利用风势，组建敢死队操纵满载芦苇和火药的小船，在靠近陈友谅的战舰时趁机纵火，令陈军数百艘舰船被焚毁。

按照下列方法，自己做一只帆船，并放入水盆中，感受不同方向的风和不同大小的风对帆船航行的影响。试着往帆船里加一些大米，看看你的帆船能装多少粮食。

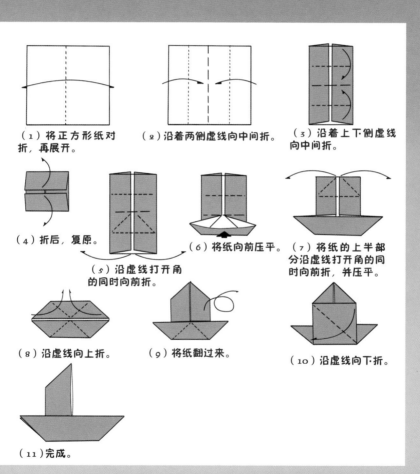

（1）将正方形纸对折，再展开。

（2）沿着两侧虚线向中间折。

（3）沿着上下侧虚线向中间折。

（4）折后，复原。

（5）沿虚线打开角的同时向前折。

（6）将纸向前压平。

（7）将纸的上半部分沿虚线打开角的同时向前折，并压平。

（8）沿虚线向上折。

（9）将纸翻过来。

（10）沿虚线向下折。

（11）完成。

揭秘风力发电

  现代风能最主要的利用方式为风力发电。风力发电是风吹动叶片，使其转动，从而带动发电机发电。现代使用的风力发电机可大致分为两类：水平轴风力发电机和垂直轴风力发电机。

水平轴风力发电机

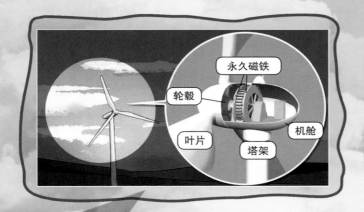

永久磁铁

轮毂

叶片

塔架

机舱

  水平轴风力发电机，风轮的旋转轴与风向平行，像风扇一样，由转子中心、机舱、转子叶片、塔架等构成。通过叶片转动，将风能转换成转子中心转轴的动能，经变速箱提高转速，带动发电机发电。

  目前大型风机多属于水平轴风力发电机。

垂直轴风力发电机

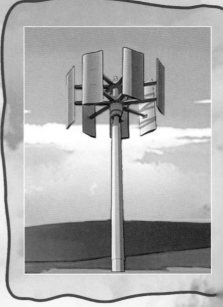

  垂直轴风力发电机，风轮转轴与地面或风向垂直，可以利用任何方向的来风，结构简单。

智能电网中的储能系统可用于风电的储存和释放，使不稳定的风能变得稳定；还可平衡用电高峰和低谷。

风力发电机并不是只能建在空旷的地区，在人口密集的城市，一样可以利用风力发电机发电。

美丽的"风电之花"

"风电之花"是装备多个垂直轴风力涡轮机的树形结构，噪声很小，竖在城市的街头巷尾既可以发电，又美化了城市环境，真是一举两得！

"风立方"——装在墙壁上的风力发电机

家庭用风力发电机"风立方"可以安装在墙上，采用可伸缩扇叶拼接成六边形，平铺在迎风的墙壁上。有风的时候，扇叶打开吸收风能，风能再转化为电能，存储在蓄电池中。

风能的能量密度低、不稳定、地区差异较大，往往无法较好地利用。所以，人们把目光投向了龙卷风。要知道，龙卷风的中心最大风速能达到 1080 千米 / 时呢！

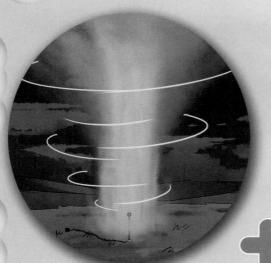

有风就可以发电，但是自然界的风能有密度小、不稳定的缺点。而龙卷风的中心最大风速可达到 1080 千米 / 时，中心气压极低，约为大气压的 1/5。

烟囱可把窑炉内的废气排向空中，是因为废气比周围空气的温度高，密度也就比较小，因此在烟囱中产生抽力，热空气就会从烟囱中上升，排到大气中。

● 龙卷风的中心是一个低压区，具有巨大的吸力。龙卷风可以吸起一个重达百吨的大油罐，把它扔到百米外的远处，还可以把几十米长的大铁桥从桥墩上吸起抛到水里。

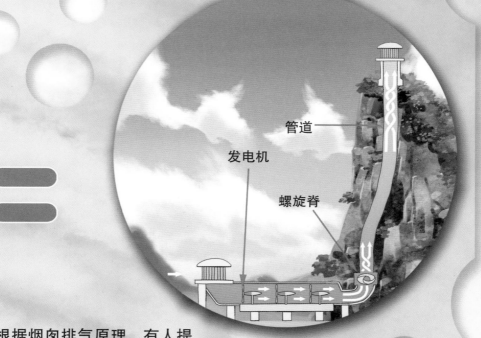

管道

发电机

螺旋脊

根据烟囱排气原理，有人提出了"人造龙卷风"的设想。沿陡峭山体搭建大口径管道，管道内安装螺旋脊，利用对流层内空气温度升降规律，让流动的热空气形成高速气旋，带动管内的发电机发电。

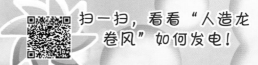

扫一扫，看看"人造龙卷风"如何发电！

高空风力发电

　　高空发电有两种方式，一种是在空中建造发电站，通过风力驱动高空风力发电机的涡轮发电，然后通过电缆输送到地面；另一种是在高空建设传动设备，像风筝那样，将机械能输送到地面，拉动缆绳带动发电机发电。

高空风力发电机发电

你 知 道 吗

　　美国国家环境保护局和美国能源部的气候数据显示，高空资源利用的最好地点是美国东海岸和包括中国沿海地区在内的亚洲东海岸。

　　有一种风力发电设计，叫做"风轮机气孔皮肤"，即无数微型涡轮"编织"成一个系统，附在建筑物表面，利用吹向建筑物的风。

巴林世贸中心双子塔高240米，在两座塔楼之间的第16层、25层、35层处，分别设置了一座跨越式桥梁，3座直径为29米的风力发电涡轮机和与其相连的发电机被安装在这3座桥梁上。建筑设计使风通过双子塔时，走一条S形路线，可以产生更大的风能。这3座风力发电涡轮机每年的发电量足够给300个家庭提供1年的照明用电。

高空传动设备发电

有设计师给阿联酋的迪拜设计过一座当时为世界第一高楼的能源塔，有68层，高322米。它的塔顶就是风力发电机，另外还利用太阳能电池板和储能装置，实现全部能源自给。

扫一扫，看看双子塔是如何改变风速和风道的！

风能与太阳能的合作

　　风能不仅可以独立发电，还可以和太阳能等新能源"合作"发电，具有很好的应用前景！

在白天，太阳光强、风较小，太阳能较强，风能较弱。

在夜晚，无光照，地表附近空气温差大，风能较强。

　　风光互补弥补了风电和光电独立系统的缺陷，有很强的能量互补性。利用风能及太阳能互补的绿色照明，对船舶及海港非常适用，因为江海或码头上阳光充足、风大，完全足够提供"免费"的照明能源。

太阳能风力通天塔

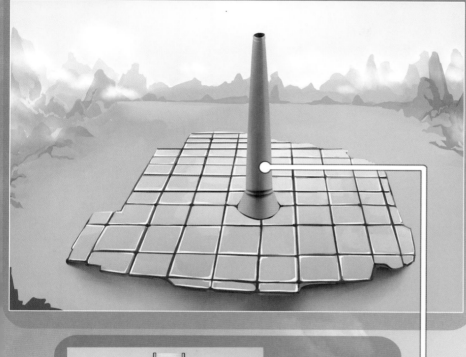

在阳光的照射下，太阳能风力通天塔蓄热层的温度升高，棚内气温也升高，按照热升冷降的原理，塔内就形成一股向上的风，风驱动设置在塔底的风力发电机发电。

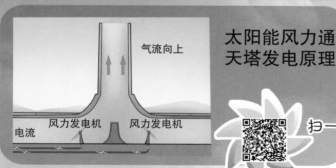

太阳能风力通天塔发电原理

气流向上

电流　风力发电机　风力发电机

扫一扫，看看太阳能风力通天塔如何发电！

你 知 道 吗

● 1982年德国和西班牙合作，在沙漠高原上建成世界上第一座太阳能风力通天塔，原理是让阳光制造热风，推动风力发电机发电，得到洁净的电力。它由烟囱、集热棚、蓄热层和风力发电机组组成。集热棚的直径为250米，棚的中央有个高200米的太阳能塔，棚内空气温度可达20~50摄氏度。按照热升冷降的原理，烟囱内部会形成一股风，在风轮抽排的作用下，风速达20~60米/秒，驱动设置在塔底的风力发电机发电。

世界风电产业的发展

为了减少污染，保护环境，人们从主要利用传统的化石能源，转向了大力开发风能等新能源。作为风能利用的主要方式，世界风力发电产业已形成较大规模，且正快速发展！

世界风电发展的三个阶段

1887~1888 年，美国人 Charles F. Brush 建造了第一台风机，风力发电机由此诞生。从 1888 年到 1931 年，小型风力发电机逐渐发展。第一次世界大战之后，丹麦已开始应用 25 千瓦风力发电机。

1931 年，苏联开发出了大功率的风能转换系统，并建立了风电站。从 1931 年到 1970 年，大功率的风能转换系统得到充分的发展。

1970 年至今，风能产业成规模发展，并建立了稳定的商业模式。

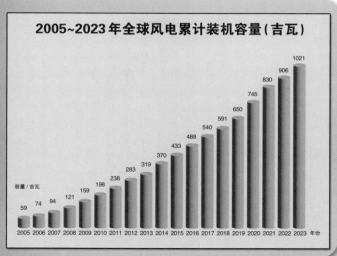

2005~2023 年全球风电累计装机容量（吉瓦）

从图中看出，全球风电装机容量逐年上涨。

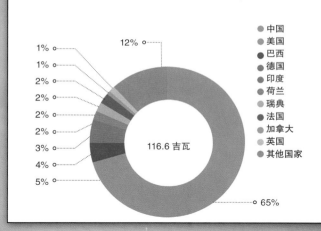

2023 年各国新增风电装机容量占全球份额百分比

● 中国
● 美国
● 巴西
● 德国
● 印度
● 荷兰
● 瑞典
● 法国
● 加拿大
● 英国
● 其他国家

116.6 吉瓦

2023 年，全球新增风电装机容量为 116600 兆瓦。其中，中国风电新增容量占全球份额的 65%。

你 知 道 吗

● 中美两国推动了风能发电的增长，两国新增风电装机容量的总和约占全球增长量的 50%。

● 目前，大型风电场发电已可与常规电站相比肩。预计到 2023 年，海上风力发电量将占世界风力发电量的 1/4。

我国风电产业的发展

　　我国早在 20 世纪 70 年代就开始发展风电，自 1976 年风能投产，风电装机容量长期保持强劲增长，进入世界前列，自主创新能力逐步提高。

我国风电发展的三个阶段

　　1983 至 1995 年是试验阶段，1983 年，山东引进丹麦 3 台 55 千瓦风电机组。

　　2003 年至今是高速发展阶段，国家下放 5 万千瓦以下风电项目审批权，使国内风电市场进入高速发展的阶段。

　　1995 至 2003 年是起步阶段，科技部通过科技攻关和国家"863"高科技项目，促进风电的持续发展。

江苏 江苏省凭借近海优势,大力发展海上风电。全省风电产业关联企业众多,拥有较强的风电装备研制、风电海上工程、风电人才培训及综合服务等能力。

河北 河北张家口市张北县坝上地区位于蒙古高原的东南侧,是蒙古高原冷空气进入华北平原的气流通道,号称"空中三峡"。

福建 福建平潭县位于福建省东部海域,季风在岛屿之间形成强烈的"弄堂风",全县年平均风速为5米/秒,且风向稳定。

广东 广东台山川岛风电场位于台山市川山群岛中的上川岛、下川岛,川山群岛是广东省风能资源较丰富的群岛之一。

广东南澳岛位于台湾海峡喇叭口,有"风岛"之称。

甘肃 甘肃酒泉瓜州县地处茫茫戈壁,因风能丰富被称为"世界风库"。

黑龙江 黑龙江松花江下游区位于峡谷中,北有小兴安岭,南有长白山脉,为一喇叭口,风能丰富。

新疆 位于新疆准噶尔盆地及吐鲁番盆地通风口的新疆达坂城风力发电站,是全国较大的风能基地之一。

了解了风能的特点和对环境的影响后，想不想亲自动手给城市安装一个风电场呢？

我是小小设计师

某市风能资源丰富，常年盛行西北风。为了优化城市能源结构，市电力部门计划建立一个风力发电场，快来看看哪里适合建造风电场，并选择合适的风机朝向序号填入圆圈。

风机的朝向

A 西南朝向

B 东北朝向

C 西北朝向

D 东南朝向

大豆田

东北、西南方向有两座山脉，地势开阔，附近有大豆田，远离城市及自然保护区。

鸟类栖息地

位于自然保护区，地势开阔，附近无山脉，距离城市较远。

风电动力和风能制热

　　除了风力发电，风能还可以直接或间接应用在许多领域中，例如风能驱动汽车、风能驱动船舶、风能制热等。目前，已有公司研制出了概念风能跑车、风帆助推运输船，以及利用风能制热解决家庭及工业低温热能的需求问题。

风电动力

1. 风力发电机
2. 变压器
3. 电动机
4. 推进器

　　风能可以应用在现代船舶上，利用风力发电提供电力，推动船只行驶。风电驱动技术可在内河、沿海的小型船舶中推广应用。

你知道吗

　　利用风直接驱动，车辆也可达到难以置信的速度。例如"绿鸟"风力汽车，有钢制的驱动翼，会产生向上的动力，使车速达到风速的3至5倍，创造了当风速为48.2千米/时时，车速为202.9千米/时的世界纪录。

　　2016年中央电视台播出的《远方的家》节目中，提到位于喜马拉雅山海拔5000米地区的西藏边境哨所，那里山高风大，天气寒冷，哨兵们因为热水不够用，只能用凉水洗脚。可以尝试利用风能和太阳能解决这样的供热、取暖问题，使西藏边境哨所的哨兵们早日用上热水。

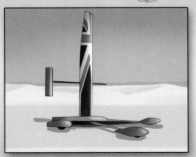

"绿鸟"风力汽车

风能制热

寒冬里的劲风也能带来温暖，这就是风能制热。

风能制热

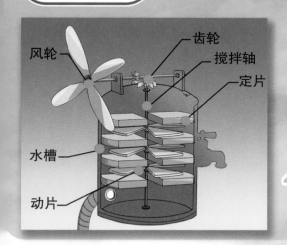

风吹动风轮，风轮旋转经过齿轮箱，传动到搅拌轴，搅拌轴上有许多叶片跟着转动，而水槽内壁上有定片。冷水在定片和动片之间发生运动，升温变成热水。

扫一扫，看看如何利用风能来煮面！

风能防冻

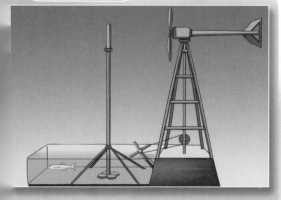

在水产养殖方面，风能可以防冻。在冬天，利用风车轮带动桨片或水车转动，搅拌水引起对流，起到防止水池结冰的作用。

风能送气

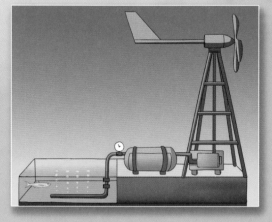

除了防冻，风能还能为鱼池供气。在风的作用下，风力机带动空压机，向压力罐中贮气，通过排气管定时向鱼池送气，从而增加池中氧气量。

又到了动手时间！找一块平板泡沫，将之前制造的风车插在泡沫上，放进加水的大盆里，在适当的风速下，观察风车能否加速泡沫的游动。

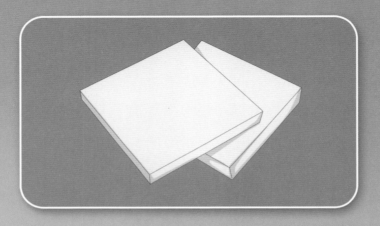

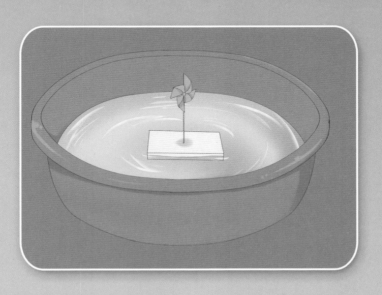